T/CAGHP 064—2019

目　　次

前言	Ⅲ
引言	Ⅴ
1 范围	1
2 规范性引用文件	1
3 术语和定义	1
4 基本规定	2
4.1 地质灾害险情与灾情分级	2
4.2 地质灾害预警级别划分	3
4.3 地质灾害应急响应	3
4.4 地质灾害速报制度	4
4.5 地质灾害应急预案的制定	5
4.6 预警信息发布原则与要求	5
4.7 预警信息发布流程	5
4.8 特殊情况下的红色预警信息发布	6
5 监测预警及预警级别建议	6
5.1 预警级别建议提出	6
5.2 预警期监测工作	7
5.3 预警级别建议调整	7
6 预警会商	8
6.1 预警会商形式及内容	8
6.2 预警会商组织	8
6.3 预警会商要求	8
6.4 气象风险预警会商	9
7 预警信息制作与审核	9
7.1 预警信息内容	9
7.2 制作要求	9
7.3 预警信息审核	9
8 预警信息发布	10
8.1 发布方式及选择	10
8.2 发布响应及要求	10
9 预警信息的备案归档	11
9.1 归档内容	11
9.2 归档要求	11
附录 A（规范性附录） 地质灾害预警信息发布审批表	12
附录 B（规范性附录） 地质灾害预警信息发布通知单	13

前　言

本规程按照 GB/T 1.1—2009《标准化工作导则　第 1 部分：标准的结构和编写》给出的规则起草。

本规程附录 A、B 均为规范性附录。

本规程由中国地质灾害防治工程行业协会（CAGHP）提出并归口。

本规程起草单位：中国地质调查局武汉地质调查中心、湖北地质灾害防治中心、重庆地质灾害防治中心、三峡大学、河北省地质环境监测总站、广东省地质环境监测总站。

本规程主要起草人：叶润青、黄学斌、程温鸣、付小林、霍志涛、易庆林、张涛、颜少枝、张万喜、易武、卢书强、潘勇、杨建英、吴润泽、范意民、肖建兵、杨世松、车凌、赵国通、朱小龙、魏平新。

本规程由中国地质灾害防治工程行业协会负责解释。

引 言

为规范地质灾害监测预警信息发布,及时、准确、客观、全面地向社会提供突发性地质灾害预警信息,最大限度地预防和减少地质灾害发生造成的危害,保障公众生命财产安全,维护公共安全和社会稳定,根据《中华人民共和国突发事件应对法》《地质灾害防治条例》《国家突发地质灾害应急预案》《中华人民共和国政府信息公开条例》等法律、法规及地质灾害监测预警相关技术规范,制定本规程。

地质灾害监测预警信息发布规程(试行)

1 范围

本规程规定了地质灾害监测预警信息的制作、审核、发布与备案等工作的技术要求。

本规程适用于自然因素或者人为活动引发的、危害人民生命财产安全的突发性崩塌、滑坡、泥石流和地面塌陷的地质灾害预警信息的发布,主要是针对由专业监测或群测群防发现的、现有技术条件可以预测预报的地质灾害预警信息,包含突发性单体地质灾害预警信息和区域地质灾害气象风险预警信息。

2 规范性引用文件

下列文件对于本规程的应用是必不可少的。凡是注日期的引用文件,仅所注日期的版本适用于本规程。凡是不注日期的引用文件,其最新版本(包括所有的修改单)适用于本规程。

DZ/T 0221—2006 崩塌、滑坡、泥石流监测规范
T/CAGHP 022—2018 突发性地质灾害应急防治导则(试行)
T/CAGHP 023—2018 突发性地质灾害应急监测预警技术指南(试行)

3 术语和定义

下列术语和定义适用于本规程。

3.1

突发性地质灾害 sudden geological disaster

指突然发生的、可能造成或已造成危害的地质灾害。

3.2

监测 monitoring

指运用一定的技术手段和方法,对地质灾害的发生、发展和变化过程以及各种诱发因素进行动态测量、监视,并对发展趋势进行预测的行为。一般分为以仪器监测为主的专业监测和以人工监测为主的群测群防监测两类。

3.3

预警 forecast and early warning

指在地质灾害发生之前,根据地质灾害发展演化的规律或监测和观察得到的前兆信息,当地人民政府向公众发出预警信号,报告危险情况,以便采取相应的应对措施,从而最大限度地减轻地质灾害所造成的损失的行为。

3.4

预警级别 early warning grade

指对灾害或风险的危险程度以及应对措施的紧急程度的划分,一般采用不同的颜色、图标、标识

和信号予以区分。

3.5

预警信息发布 release of geohazard early warning information

指各级政府或其设立的应急指挥机构在地质灾害灾情或险情发生后,按照有关规定,统一、准确、及时地将地质灾害的核实情况、事态进展以及应对处置措施情况等相关信息进行发布的过程。

3.6

预警会商 early warning consultation

为合理处置和应对地质灾害,地方政府及有关部门组织相关部门以及地质灾害防治方面的专家和专业技术队伍召开会议,对地质灾害灾情或险情进行分析、研判,对发展趋势进行预测,提出处置和应对措施的过程。

3.7

地质灾害应急 geohazard emergency respond

应对突发性地质灾害而采取的灾前应急准备、临灾应急防范措施和灾后应急救援等应急反应行动。同时,也泛指立即采取超出正常工作程序的行动。

3.8

应急预案 planning for geohazard emergency

指针对发生和可能发生的突发地质灾害,事先研究制订的应对计划和方案,一般包括国家和各行政区域的突发性地质灾害应急预案以及单体地质灾害应急预案。

4 基本规定

4.1 地质灾害险情与灾情分级

根据《国家突发地质灾害应急预案》,按危险性程度和危害程度大小,地质灾害险情与灾情分为特大型、大型、中型、小型4个级别(表1)。

a) 特大型地质灾害险情与灾情(Ⅰ级)

受灾害威胁,需搬迁转移人数在1 000人以上或者潜在可能造成的经济损失在1亿元以上的地质灾害险情,为特大型地质灾害险情。

因灾死亡在30人以上,或者因灾造成直接经济损失在1 000万元以上的地质灾害灾情,为特大型地质灾害灾情。

b) 大型地质灾害险情与灾情(Ⅱ级)

受灾害威胁,需搬迁转移人数在500人以上、1 000人以下,或者潜在可能造成的经济损失在5 000万元以上、1亿元以下的地质灾害险情,为大型地质灾害险情。

因灾死亡在10人以上、30人以下,或者因灾造成直接经济损失在500万元以上、1 000万元以下的地质灾害灾情,为大型地质灾害灾情。

c) 中型地质灾害险情与灾情(Ⅲ级)

受灾害威胁,需搬迁转移人数在100人以上、500人以下,或者潜在可能造成的经济损失在500万元以上、5 000万元以下的地质灾害险情,为中型地质灾害险情。

因灾死亡在3人以上、10人以下,或者因灾造成直接经济损失在100万元以上、500万元以下的地质灾害灾情,为中型地质灾害灾情。

d) 小型地质灾害险情与灾情（Ⅳ级）

受灾害威胁,需搬迁转移人数在100人以下,或者潜在可能造成的经济损失在500万元以下的地质灾害险情,为小型地质灾害险情。

因灾死亡在3人以下,或者因灾造成直接经济损失在100万元以下的地质灾害灾情,为小型地质灾害灾情。

表1 地质灾害灾情或险情分级表

分级	灾情或险情	受灾害威胁的人数或出现变形破坏时造成的人员伤亡/人	潜在可能造成的经济损失或出现变形破坏时造成的经济损失/万元
特大型（Ⅰ级）	险情	>1 000	>10 000
	灾情	>30	>1 000
大型（Ⅱ级）	险情	500～1 000	5 000～10 000
	灾情	10～30	500～1 000
中型（Ⅲ级）	险情	100～500	500～5 000
	灾情	3～10	100～500
小型（Ⅳ级）	险情	<100	<500
	灾情	<3	<100

4.2 地质灾害预警级别划分

按照地质灾害发生的发展阶段、紧急程度、不稳定发展趋势和可能造成的危害程度,地质灾害预警级别分为一级、二级、三级、四级,分别对应地质灾害风险极高、风险高、风险较高和风险一般等不同程度,依次用红色、橙色、黄色、蓝色标示。一级为最高级别。

a) 红色预警(警报级):地质灾害发生的可能性很大,各种短临前兆特征显著,在数小时或数天内大规模发生的概率很大。

b) 橙色预警(警戒级):地质灾害发生的可能性大,有一定的宏观前兆特征,在几天内或数周内大规模发生的概率大。

c) 黄色预警(警示级):地质灾害发生的可能性较大,有明显的变形特征,在数周内或数月内大规模发生的概率较大。

d) 蓝色预警(注意级):地质灾害发生的可能性小,有一定的变形特征,一年内发生地质灾害的可能性不大。

对不同级别险情、灾情的地质灾害预警,首先表示其险情或灾情级别,其次为预警分级。具体表示如特大型地质灾害红色预警、大型地质灾害橙色预警等。

4.3 地质灾害应急响应

根据《国家突发地质灾害应急预案》,地质灾害应急工作遵循分级响应程序,根据地质灾害灾情或险情级别确定相应级别的应急机构。

a) 出现特大型地质灾害险情和特大型地质灾害灾情的县级、市级、省级人民政府立即启动相关的应急防治预案和应急指挥系统,部署本行政区域内的地质灾害应急防治与救灾工作。

自然资源部组织协调有关部门赴灾区现场指导应急工作,派出专家组调查地质灾害成因,分析其发展趋势,指导地方制订应急防治措施。

b) 出现大型地质灾害险情和大型地质灾害灾情的县级、市级、省级人民政府立即启动相关的应急预案和应急指挥系统。在本省人民政府的领导下,由本省地质灾害应急防治指挥部具体指挥、协调、组织财政、建设、交通、水利、民政、气象等有关部门的专家和人员。必要时,自然资源部派出工作组协助地方政府做好地质灾害的应急防治工作。

c) 出现中型地质灾害险情和中型地质灾害灾情的县级、市级人民政府立即启动相关的应急预案和应急指挥系统。中型地质灾害险情和中型地质灾害灾情的应急工作,在本市人民政府的领导下,由本市地质灾害应急防治指挥部具体指挥、协调、组织建设、交通、水利、民政、气象等有关部门的专家和人员,及时赶赴现场。必要时,灾害出现地的省级人民政府派出工作组赶赴灾害现场,协助市级人民政府做好地质灾害应急工作。

d) 出现小型地质灾害险情和小型地质灾害灾情的县级人民政府立即启动相关的应急预案和应急指挥系统。小型地质灾害险情和小型地质灾害灾情的应急工作,在本县级人民政府的领导下,由本县地质灾害应急指挥部具体指挥、协调、组织建设、交通、水利、民政、气象等有关部门的专家和人员,及时赶赴现场。必要时,灾害出现地的市级人民政府派出工作组赶赴灾害现场,协助县级人民政府做好地质灾害应急工作。

4.4 地质灾害速报制度

4.4.1 速报内容

依据《国家突发地质灾害应急预案》,地质灾害速报制度包括:

a) 地质灾害速报的内容主要包括地质灾害险情或灾情发生的时间、地点、类型、灾害规模、可能的引发因素、可能威胁的对象、下步发展趋势以及采取的相关措施等。对已发生的地质灾害,还应包括伤亡人数以及造成的经济损失。

b) 应急调查报告应详细说明地质灾害灾情或险情发生的时间(精确到时、分),地点,经纬度,地质灾害类型,灾害体的规模,死亡、失踪、受伤的人数,可能威胁的对象和造成的直接经济损失,以及地质灾害成因,发展趋势和已采取的防治对策建议。

4.4.2 速报时限要求

a) 依据《国家突发地质灾害应急预案》,速报时限要求如下:
  1) 县级人民政府国土资源行政主管部门接到当地出现特大型、大型地质灾害报告后,应在4 h内速报县级人民政府和市级人民政府国土资源行政主管部门,同时可直接速报省级人民政府国土资源行政主管部门和国务院国土资源行政主管部门。国务院国土资源行政主管部门接到特大型、大型地质灾害灾情或险情报告后,应立即向国务院报告。
  2) 县级人民政府国土资源行政主管部门接到当地出现中、小型地质灾害报告后,应在12 h内速报县级人民政府和市级人民政府地质灾害防治主管部门,同时可直接速报省级人民政府地质灾害防治主管部门。

b) 依据国土资源部(现自然资源部)《关于进一步完善地质灾害速报制度和月报制度要求的通知》(国土资发〔2006〕175号),速报时限要求如下:
  1) 对于特大型、大型地质灾害险情,灾害发生地的省级国土资源主管部门要在接到报告后 1 h 内速报自然资源部。
2) 对于 6 人(含)以上死亡和失踪的中型地质灾害险情和避免 10 人(含)以上死亡的成功预报实例,省级国土资源主管部门在接到报告后 6 h 内速报自然资源部。
3) 对于 6 人以下死亡和失踪的中型地质灾害灾情,省级国土资源主管部门要在接到报告后 1 d 内速报自然资源部。
4) 发现地质灾害灾情或险情有新的变化时,要随时进行续报。

4.5 地质灾害应急预案的制定

4.5.1 根据《地质灾害防治条例》,县级以上地方人民政府国土资源主管部门会同同级建设、水利、交通等部门拟订本行政区域的突发地质灾害应急预案,报本级人民政府批准后公布。区域的突发地质灾害应急预案包括下列内容:
a) 地质灾害基本情况及监测预警工作。
b) 应急机构和有关部门的职责分工。
c) 抢险救援人员的组织和应急、救助装备、资金、物资的准备。
d) 地质灾害的等级与影响分析准备。
e) 地质灾害调查、报告和处理程序。
f) 发生地质灾害时的预警信号、应急通信保障。
g) 人员财产撤离、转移路线、医疗救治、疾病控制等应急行动方案。

4.5.2 突发性地质灾害点应急预案的编写,参照《突发性地质灾害点应急预案编制要求》执行。

4.6 预警信息发布原则与要求

4.6.1 发布原则

地质灾害预警信息发布遵循"政府主导,统一发布;属地管理,分级负责;部门联动,社会参与;纵向到底,全部覆盖"的原则。

地质灾害预警信息发布工作应做到"制度健全,责任落实;依靠科技,手段多样;整合资源,强化基层;流程顺畅,准确高效"。

4.6.2 发布要求

地质灾害预警信息发布应满足以下基本要求:
a) 地质灾害预警信息实行依申请发布和统一发布相结合的制度。
b) 县级以上人民政府有关行政主管部门根据对突发地质灾害隐患或信息的分析评估,初步判定预警级别,向本级人民政府提出发布预警信息的申请。
c) 预警信息经核定级别和审批后,统一通过县级(及以上)人民政府或其指定的机关(或部门、机构、单位)向公众发布。其他任何组织和个人不得向社会发布预警信息。
d) 预警信息发布应充分整合利用各种通信手段和传播媒介,及时、准确、客观、全面地将预警信息传播给受影响和威胁单位及个人。

4.7 预警信息发布流程

4.7.1 提出预警级别建议

由监测单位和监测责任人根据现场调查、监测资料等相关信息,进行综合分析研判,预测地质灾害变化发展趋势,对地质灾害进行险情识别和危险性评估,对已发生的地质灾害进行灾情核实,以此提出预警级别建议。

4.7.2 组织预警会商

由地方人民政府或国土资源行政主管部门,组织相关部门地质灾害防治专家和专业技术人员进行会商,对预警级别建议开展技术判研,确定预警级别,提出应急处置方案,形成地质灾害预警技术会商专家组意见和行政会商纪要。

4.7.3 制作预警信息

依据地质灾害预警会商结果或者地质灾害险情判识、灾情核查结果,按照要求制作地质灾害预警信息或预警产品。

4.7.4 预警信息审核与签发

对地质灾害预警信息的真实性、准确性和内容完整性进行审核后,填写《地质灾害预警信息发布审批表》(附录 A),完成相关审批程序,由发布机关的主要领导予以签发。

4.7.5 发布预警信息

地质灾害预警信息发布应依据预警级别和当地实际,选择合理、有效的发布方式,拟定《预警信息发布通知单》(附录 B),做好信息发布跟踪与记录工作。

4.7.6 预警级别调整与解除

a) 进入预警后,监测单位需加强地质灾害监测,及时掌握地质灾害的发展动态,提出预警级别调整建议,经专家以及地方政府或国土资源行政主管部门认定后发布。
b) 当地质灾害险情已消除,或者灾情已得到有效控制,经监测单位或专家组认定,由当地县级人民政府撤消原划定的地质灾害危险区,结束应急响应。

4.7.7 预警信息备案

对地质灾害监测预警信息的制作、审核、签发等流程中所产生的各类信息资料和文件,进行登记备案及归档管理,以备查阅。

4.8 特殊情况下的红色预警信息发布

在突发险情即将发生且来不及按 4.7 所规定的程序发布预警信息的情况下,现场监测责任人或险情发现人员应立即组织和动员险区人员撤离,并同时电话上报主管部门。

5 监测预警及预警级别建议

5.1 预警级别建议提出

5.1.1 地质灾害灾情或险情预警级别建议由专业监测单位、应急调查或核查单位提出,地质灾害监测预警工作应严格按照相关技术要求执行。

5.1.2 监测单位及监测人员或群众发现地质灾害灾情或险情时,应及时报告当地国土资源行政主管部门,做到早发现、早报告、早处置。

5.1.3 发现地质灾害灾情或险情时,监测单位、调(核)查单位应立即应急调查工作,及时形成地质灾害预警专题报告及相关图件。

5.1.4 报告内容应包括地质灾害基本特征、监测及变形情况、稳定性现状、发展趋势、可能威胁和影响的对象、预警级别建议划分认定、危害预测、应急措施及建议等内容。

5.1.5 相关图件包括平剖面图、监测曲线和图表、调查或巡查照片等。

5.1.6 出现地质灾害灾情或险情时,专业监测单位、应急调查或核查单位应立即开展灾情或险情调查、核查工作,调查、核查内容应包括地质灾害发生的时间、地点、类型、规模、因灾造成的人员伤亡、直接经济损失、威胁对象及范围,以及地质灾害成因、人员避让情况等。

5.1.7 监测单位和监测责任人应加强监测分析工作,对各种监测数据进行综合整理归纳和分析、研究,找出它们之间的内在联系和规律性及其与自然条件、地质环境和各种因素之间的关系,对滑坡、崩塌、泥石流的稳定性做出正确的评价,对其变形破坏和活动做出正确的预报,提出地质灾害预警级别建议[《崩塌、滑坡、泥石流监测规范》(DZ/T 0221—2006)]。

5.1.8 专业监测单位(或监测主管部门)应建立地质灾害监测预警预报等数据库,加强分析研究工作,掌握所辖区域地质灾害成因机理及变形破坏规律,提高地质灾害预测预报水平。

5.1.9 地方国土资源行政主管部门应充分发挥地质灾害群测群防和专业监测网络体系作用,加强监督检查和宣传培训工作,明确监测预警工作分工与责任,建立考核机制,督促监测单位和监测责任人加强对地质灾害重点地区及重点地质灾害的监测和防范。

5.2 预警期监测工作

进入预警以后,监测单位应加强与气象等部门的沟通联系,及时掌握气象、水文等信息,加强地质灾害影响触发因素及其动态变化的监测,加强监测数据处理分析和预测预报工作。

a) 进入黄色预警,应加强监测和宏观地质巡查,加强监测数据处理与综合分析,开展中期预报,预测地质灾害发展趋势。
b) 进入橙色预警,应加密监测,现场 24 h 值守,加强对宏观变形迹象的监测,开展短期预报,预测地质灾害发展趋势。
c) 进入红色预警,应启动应急专业监测,现场 24 h 值守,加强宏观变形监测及短临前兆监测,及时分析预测,开展短临预报,力争准确预报地质灾害发生时间。

5.3 预警级别建议调整

5.3.1 预警级别提高

监测显示,地质灾害宏观迹象及短临前兆更加明显,短期内大规模发生的概率增大,地质灾害风险进一步增大,经会商认定后,可以提高地质灾害预警级别。

5.3.2 预警级别降低或预警解除

地质灾害风险降低,发生概率变小,短临前兆监测趋缓,经会商认定后,可以降低预警等级或解除预警。

处于红色预警级别的地质灾害险情或灾情,出现以下两种情况时可降低预警级别:
a) 地质灾害在已大规模发生后趋于稳定,抢险救灾已完成,突发灾害过程已经结束或已经得到有效控制。

b) 由于种种原因,地质灾害没有大规模发生,且监测表明地质灾害稳定性状态趋好,其近期发生成灾的概率减小,地质灾害险情已有较大幅度降低。

6 预警会商

6.1 预警会商形式及内容

6.1.1 会商形式

根据内容的不同,地质灾害预警会商形式可分为定期会商、临时会商和紧急会商。
a) 每年年初召开地质灾害防治趋势预测会商会议,或者每半年、每季度、每月、每周或每天召开会商例会。
b) 在地质灾害的灾情或险情较轻时,根据实际情况进行的临时会商。
c) 如遇较大地质灾害灾情或险情、情况紧急或有重大问题需要研究解决时,召开紧急会商会议。

本规程针对突发性地质灾害的预警信息发布,一般指紧急会商和临时会商。

6.1.2 预警会商内容

预警会商是对提出的预警级别建议进行研判认定,协商地质灾害灾情或险情应急处置的相关事宜。包含专家组技术会商和预警行政会商两部分。
a) 专家组技术会商从专业技术角度,对预警级别建议进行技术分析和认定,提出专家组意见和建议,形成地质灾害预警技术会商专家组意见。
b) 行政会商是在专家组意见基础上,就预警级别认定、预警信息发布、应急预案启动等相关事宜进行磋商,形成行政会商意见和会议纪要。

6.2 预警会商组织

6.2.1 监测单位提出预警级别建议后,地方人民政府或政府行政主管部门应尽快组织相关部门、地质灾害防治专家及监测技术人员等召开预警会商会议。对于特别紧急的橙色或红色预警,应及时组织召开专家和行政联席会商会议。

6.2.2 出现特大型、大型或者特别重要且影响巨大的中、小型地质灾害险情,由省或市级人民政府或政府行政主管部门组织相关部门和地质灾害防治方面的专家与专业技术人员进行会商,并同时上报国务院。

6.2.3 出现中型地质灾害险情,由市级或县级人民政府或政府行政主管部门组织相关部门和地质灾害防治方面的专家与专业技术人员进行会商,并同时上报省人民政府。

6.2.4 出现小型地质灾害险情,由县级人民政府或政府行政主管部门组织相关部门,和地质灾害防治方面的专家与专业技术人员进行会商,并同时上报市人民政府。

6.2.5 对于特大型和大型地质灾害险情,会商专家应进行现场技术会商,对地质灾害稳定性发展趋势、发生时间进行现场分析预测。

6.3 预警会商要求

6.3.1 各级人民政府应根据当地实际,研究建立地质灾害预警会商制度,确保在地质灾害灾情或险情出现后能及时开展会商,实现地质灾害监测预警信息互通与共享。

6.3.2 应根据地质灾害险情等级、威胁对象、影响范围和所需采取的应对措施等,确定会商方式及参加会商的部门和单位。根据技术会商内容需要,选择经验丰富、熟悉所辖区域地质灾害状况的技术会商专家组成专家组。同一地质灾害点需要开展多次预警会商时,宜保持参加会商的单位、专家组及相关人员的稳定性。

6.3.3 相关部门在日常工作中要注意收集、整理、分析本辖区突发地质灾害相关资料和信息,随时为预警会商提供资料准备。会商过程中,监测单位或者技术支撑单位应尽可能收集、提供有关出现险情或灾情灾害体的调查、监测等技术资料,支撑专家组对险情级别及发展趋势的判断。

6.3.4 会商过程中要坚持务实、高效、简洁的原则,会期尽量简短,议程尽量简化,突出重点,发言材料力求言简意明。

6.3.5 会商后,参加会商的各部门(单位)应立即将会商的有关情况向各自主管部门报告,按照应急预案,各施其责,在所管辖的范围内发布相应级别的预警预报。

6.3.6 会商工作涉及秘密和敏感事件的内容要严格遵守保密规定。

6.3.7 各省、市、县人民政府应分别建立地质灾害预警应急会商技术专家库,确定技术支撑单位及其工作职责。在有条件的情况下,在汛期或地质灾害高发期可指派专家或专业技术人员驻守,能及时发现、识别险情,险情或灾情紧急时能及时应对处置。

6.4 气象风险预警会商

地质灾害气象风险预警会商,按照地质灾害区域气象风险预警标准执行。

7 预警信息制作与审核

7.1 预警信息内容

7.1.1 地质灾害预警信息内容应包括发布机关、发布时间、地质灾害类别、预警级别、起始时间、可能影响范围、警示事项、相关措施和联系电话等信息。

7.1.2 地质灾害预警级别调整或解除,其信息内容应包括调整或解除预警的机关名称、地质灾害类别、调整后的预警等级或解除预警的事由、调整或解除的时间。

7.2 制作要求

7.2.1 地质灾害类别应明确为崩塌、滑坡、泥石流、地面塌陷等详细类别。

7.2.2 预警级别为预警会商确定的级别。对外发布预警信息应为黄色及以上,从高到低依次为红色预警、橙色预警、黄色预警,蓝色预警不对外发布预警信息。

7.2.3 可能影响范围应尽量准确描述其范围边界,当文字描述难以理解时应配以相关图件说明。

7.2.4 警示事项应概要、明确、得体,不出现模糊、多解词句,以重要和紧急程度从高至低排序。

7.2.5 相关措施应主要描述政府部门将采取或已采取的具体措施。

7.2.6 起始时间为启动预警或应急响应(应急预案)的准确时间,应具体至年月日,可精确至小时。

7.2.7 发布机关为预警信息的审核签发机关,应署完整的机关名称。

7.2.8 发布时间为预警信息的审核签发或对外发布时间,应具体至年月日,可精确至小时。

7.2.9 联系电话应为有效且有专人值守的固定电话或移动电话。

7.3 预警信息审核

7.3.1 依据地质灾害灾情险情等级及预警级别,预警信息应由相应的人民政府或其指定的机关(或部门、机构、单位)审核签发。

  a) 特大型、大型地质灾害红色、橙色、黄色预警信息,由省级人民政府或其指定的机关(或部门、机构、单位)审核签发。

  b) 中型地质灾害红色、橙色、黄色预警信息,由市(州)级人民政府或其指定的机关(或部门、机构、单位)审核签发。

  c) 小型地质灾害红色、橙色、黄色预警信息,由县(区)级人民政府或其指定的机关(或部门、机构、单位)审核签发。

7.3.2 区域地质灾害气象风险预警由同级地质灾害防治行政主管部门与气象部门联合审核签发。

7.3.3 审核内容按7.2逐条核对预警信息内容,具体审核内容及要求包括:

  a) 审核预警信息的真实性、准确性和完整性。

  b) 检查是否有错别字或信息笔误。

  c) 预警级别是否合理。

  d) 可能影响范围的描述是否准确。

  e) 警示事项和应对措施是否简明、合理、可行。

  f) 预警信息发布方式选择是否合理,能否及时将预警信息发送至所涉及的相关部门、单位及人员。

  g) 启动时间是否及时并适当,联系电话是否准确、畅通等。

  h) 审核信息内容次数应不少于2次。

7.3.4 审核完成应使用电子签章确认签发,应尽可能减少预警信息的审核签发环节,保持审核与签发渠道畅通,确保审核签发快速、及时、有效。

8 预警信息发布

8.1 发布方式及选择

8.1.1 发布方式可采用广播、电视、互联网、电话、报纸、微博、微信、传真、邮件、电子显示屏,以及高音喇叭、铜锣、口哨等渠道或方式。

8.1.2 发布方式选择应因地制宜,充分考虑所辖区的实际情况,针对性选择合理、有效的信息发布方式。在日常工作中,可针对每个地质灾害合理定制其预警信息发布方式。

8.2 发布响应及要求

8.2.1 地质灾害预警信息发布政务网站,发布预警信息应做到及时、准确。职能部门网站和应急办网站应尽可能与发布政务网站同步。发布政务网站、职能部门网站和应急办网站应在首页显要位置呈现预警信息相关内容。

8.2.2 群测群防人员、专业监测人员、驻守地质队员、地方人民政府等应在接收到预警信息发布通知后,按照地质灾害体应急预案相关要求,即刻通知地质灾害体上及威胁范围内的所有人。

8.2.3 广播电台、电视台应在接收到预警信息发布通知应立即发布相关预警信息。对于红色、橙色预警,应不间断滚动播放预警信息及相关内容,或开辟专题节目讲解及引导相关群体应对防范。

8.2.4 手机短信发送部门应在接收到预警信息后立即启动预警信息发布工作。对于红色和橙色地质灾害预警,通信运营商应自动发布预警信息。黄色预警时,通信运营商应根据要求发送相关信息。

8.2.5 户外电子显示屏应在预警信息发布尽快呈现相关预警信息。

8.2.6 报社在接到预警信息发布通知后,应在将发行的最近一期报纸上的显要位置刊登预警信息。

8.2.7 相关部门接到预警信息后,应尽快在其政务微博上转发,并督促协调各部门、各单位通过官方微博及时转发。

8.2.8 热线电话应 24 h 值守。自动应答热线电话应能与发布系统政务网站自动同步内容,在市民通过拨打热线电话查询时,能准确、完整复述预警信息内容。采用人工应答的热线电话,应按照发布系统政务网站发布的预警信息内容进行复述,口齿清楚。

8.2.9 通过传真发布的预警信息内容应与发布系统政务网站发布的预警信息文字内容完全一致,字迹清楚,可辨识性强。

8.2.10 各种发布渠道所发布的地质灾害预警信息应与发布系统政务网站发布的在文字内容上一致。因各种限制需要删减内容时,可根据政务网站发布的预警信息作简要概述,但至少应包括发布机关、发布时间、可能发生的突发事件类别和预警级别,另外还应包括咨询电话或其他了解渠道信息。

8.2.11 预警信息发布部门和单位应根据事态发展,适时调整预警级别或解除预警,并根据 8.1 所要求的及时发布。

8.2.12 多项预警信息同时发布,应按照预警级别从高到低排列。预警级别相同的,按照影响范围从大到小排列。预警级别、影响范围均相同的,按照发布时间从新到旧排列。

8.2.13 预警信息发出后,应跟踪用户及终端接收情况,并做好记录。

9 预警信息的备案归档

9.1 归档内容

预警信息备案与存档内容除了包括 7.1 要求的完整预警信息内容以及预警信息制作、审核、签发等流程完整的人员和时间信息以外,还应包括监测单位提交的地质灾害变形阶段预警专题报告及相关图件,技术会商形成的专家组意见,会商形成的会议纪要、信息发布审批表、发布通知单文件等相关资料。

9.2 归档要求

地质灾害监测预警信息发布过程的资料归档和管理工作,应符合《地质资料管理条例》《地质资料管理条例实施办法》的相关要求。

附　录　A
（规范性附录）
地质灾害预警信息发布审批表

预警信息标题：

预警信息发布单位	地质灾害类别	
	发布时间	
	预警信息级别及颜色标识	
	预警信息传播方式	
	预警信息发布原因	
	预警信息主要内容	
	可能产生的社会经济影响	
	监测单位意见建议	
	专家技术会商意见	
	行政会商意见	
	分管领导意见（签字）	
	主要领导意见（签字）	
政府应急办建议意见		
政府领导审批意见		
备注		

单位（盖章）：　　　　　　　　　　　　　　　　　　　　　　　　　　　　年　月　日

T/CAGHP 064—2019

附 录 B
（规范性附录）
地质灾害预警信息发布通知单

预警信息标题	
地质灾害类别	
预警级别及颜色标识	
发布方式	
发布范围及对象	
传播渠道	
发布内容	
发布时间	
制作	签发
备注	

发布部门（盖章）：　　　　　　　　　　　　　　　　　　　　　　　　　年　月　日